NOUVELLES TABLES

Qui donnent de suite le nombre de jours entre deux époques quelconques; ayant pour but de faciliter et abréger le règlement des intérêts dans les négociations et les comptes courans;

SUIVIES

Des diviseurs communs des intérêts, depuis 3 à 6 pour cent l'an, de la manière de les obtenir et de connaître les intérêts dus sur toutes les sommes possibles.

Par BOURGEOIS aîné,

Professeur et Teneur-de-livres.

A PARIS,

Chez DELAUNAY, Palais-Royal, galerie de bois, N.º 243.

A LYON,

Chez FAVERIO, rue Lafont, N.º 6;

Et chez l'Auteur, rue de la Gerbe, N.º

1821.

Chaque exemplaire sera revêtu de la signature de l'Auteur.

AVANT-PROPOS.

———————◆•◆———————

C E S Tables, d'abord dressées pour mon propre usage, ont été livrées à l'impression sur la demande de plusieurs Négocians, qui en ont reconnu l'utilité, et je les offre au Public dans la persuasion qu'elles seront également utiles à ceux qui ont à établir ou à vérifier des comptes courans et des négociations.

La première (*folio* 5) n'est pas de mon invention : elle a été mise au jour par divers auteurs ; je la place à la tête des miennes afin qu'on puisse les comparer et les juger.

Par cette première Table on trouve, mais après avoir obtenu deux nombres et fait une soustraction, la quantité de jours qu'il y a entre deux époques de la même année seulement ; tandis que dans mes douze Tables, on trouve de suite le nombre de jours entre deux époques quelconques. Ces Tables, en dispensant de faire une soustraction, préviennent par là les erreurs, et présentent une grande économie de temps.

Une dernière Table donne les différens diviseurs communs des intérêts, depuis 3 jusqu'à 6 pour cent l'an, avec la manière de les obtenir.

Chaque Table est accompagnée d'explications qui mettront à portée de s'en servir avec autant de facilité que de promptitude.

Enfin, une explication pour les personnes qui n'ont pas l'habitude de ces opérations, indique par un exemple le moyen de connaître les intérêts dus sur une somme quelconque.

Cette première Table indique, par le moyen d'une soustraction, la quantité de jours qu'il y a entre deux époques, mais seulement de la même année.

EXEMPLE :

Quel est le nombre de jours du 10 Mai au 30 Novembre ?

Voyez la colonne du mois de Mai, vis-à-vis du nombre 10 porté dans la première colonne, vous trouverez 130. Passez ensuite à la colonne de Novembre, vis-à-vis du nombre 30 porté dans la première colonne, vous trouverez 334; retranchez 130 de 334, vous aurez 204, qui est le nombre de jours demandé.

Cette Table non-seulement expose à des erreurs par la soustraction qu'elle nécessite, mais elle présente encore l'inconvénient de n'être utile que dans le seul cas où les deux époques proposées se trouvent dans la même année; s'il en était autrement, elle ne présenterait pas le nombre de jours demandé. Supposons qu'on veuille connaître la quantité de jours *depuis le 25 Octobre au 31 Janvier de l'année suivante :* cette Table serait insuffisante pour résoudre cette question; le lecteur aura recours aux Tables suivantes, qui lui en donneront la solution.

Jany.	Fév.	Mars.	Avril.	Mai.	Juin.	Juill.	Août.	Sept.	Oct.	Nov.	Déc.
1	32	60	91	121	152	182	213	244	274	305	335
2	33	61	92	122	153	183	214	245	275	306	336
3	34	62	93	123	154	184	215	246	276	307	337
4	35	63	94	124	155	185	216	247	277	308	338
5	36	64	95	125	156	186	217	248	278	309	339
6	37	65	96	126	157	187	218	249	279	310	340
7	38	66	97	127	158	188	219	250	280	311	341
8	39	67	98	128	159	189	220	251	281	312	342
9	40	68	99	129	160	190	221	252	282	313	343
10	41	69	100	130	161	191	222	253	283	314	344
11	42	70	101	131	162	192	223	254	284	315	345
12	43	71	102	132	163	193	224	255	285	316	346
13	44	72	103	133	164	194	225	256	286	317	347
14	45	73	104	134	165	195	226	257	287	318	348
15	46	74	105	135	166	196	227	258	288	319	349
16	47	75	106	136	167	197	228	259	289	320	350
17	48	76	107	137	168	198	229	260	290	321	351
18	49	77	108	138	169	199	230	261	291	322	352
19	50	78	109	139	170	200	231	262	292	323	353
20	51	79	110	140	171	201	232	263	293	324	354
21	52	80	111	141	172	202	233	264	294	325	355
22	53	81	112	142	173	203	234	265	295	326	356
23	54	82	113	143	174	204	235	266	296	327	357
24	55	83	114	144	175	205	236	267	297	328	358
25	56	84	115	145	176	206	237	268	298	329	359
26	57	85	116	146	177	207	238	269	299	330	360
27	58	86	117	147	178	208	239	270	300	331	361
28	59	87	118	148	179	209	240	271	301	332	362
29		88	119	149	180	210	241	272	302	333	363
30		89	120	150	181	211	242	273	303	334	364
31		90		151		212	243		304		365

Les Tables ci-après donnent au premier coup-d'œil le nombre de jours qu'il y a entre deux époques quelconques ; elles sont au nombre de douze, et celle dont on doit faire usage est toujours indiquée par la dernière des deux époques proposées : c'est-à-dire que, si on veut régler les intérêts d'un compte en Janvier, il faut se servir de la Table de Janvier ; si on veut les régler en Novembre, il faut avoir recours à la Table de Novembre, ainsi de suite.

Dans l'explication de la première Table (*folio* 4), on a demandé le nombre de jours *du* 10 *Mai au* 30 *Novembre.* Pour le trouver par le moyen de ces Tables, voyez dans celle du mois de Novembre, la colonne du mois de Mai ; vis-à-vis du nombre 10 porté dans la première colonne, vous trouverez de suite 204, qui est le nombre de jours demandé, et que vous n'avez précédemment obtenu par la première table, qu'après avoir trouvé deux nombres et fait une soustraction.

On a aussi demandé le nombre de jours *du* 25 *Octobre au* 31 *Janvier de l'année suivante.* Voyez dans la table de Janvier, la colonne du mois d'Octobre ; vis-à-vis du nombre 25, porté dans la première colonne, vous trouverez 98, qui est le nombre de jours que vous n'avez pu obtenir par la première Table.

Pour arriver à ce résultat, il faut que la date du règlement se trouve à la fin d'un mois ; mais, si on voulait régler les intérêts d'un compte au 20, au 25, ou à toute autre époque, il faudrait alors déduire du nombre présenté par ces Tables, la quantité de jours qu'il y aurait de cette époque à la fin du même mois. Par exemple, si on demandait combien il y a de jours *du* 10 *Mai au* 20 *Novembre ;* vous retrancheriez du nombre 204 déjà trouvé, les 10 jours de différence du 20 au 30 Novembre, et vous auriez 194 jours. Par ce moyen j'ai simplifié cet ouvrage qui aurait exigé une table pour chaque jour.

S'il y avait une ou plusieurs années entre les deux époques, il faudrait ajouter 365 au nombre trouvé, autant de fois qu'il y aurait d'années. Exemple : *On désire connaître le nombre de jours du* 10 *Mai* 1819 *au* 30 *Novembre* 1820 : ajoutez 365 au nombre 204, et le résultat sera 569 jours.

Lorsque l'année est bissextile, il faut ajouter un jour au nombre de ceux trouvés par ces Tables.

Au 31 Janvier.

Dates.	Fév.	Mars.	Avril.	Mai.	Juin.	Juill.	Août.	Sept.	Oct.	Nov.	Déc.	Janv.
1	364	336	305	275	244	214	183	152	122	91	61	30
2	363	335	304	274	243	213	182	151	121	90	60	29
3	362	334	303	273	242	212	181	150	120	89	59	28
4	361	333	302	272	241	211	180	149	119	88	58	27
5	360	332	301	271	240	210	179	148	118	87	57	26
6	359	331	300	270	239	209	178	147	117	86	56	25
7	358	330	299	269	238	208	177	146	116	85	55	24
8	357	329	298	268	237	207	176	145	115	84	54	23
9	356	328	297	267	236	206	175	144	114	83	53	22
10	355	327	296	266	235	205	174	143	113	82	52	21
11	354	326	295	265	234	204	173	142	112	81	51	20
12	353	325	294	264	233	203	172	141	111	80	50	19
13	352	324	293	263	232	202	171	140	110	79	49	18
14	351	323	292	262	231	201	170	139	109	78	48	17
15	350	322	291	261	230	200	169	138	108	77	47	16
16	349	321	290	260	229	199	168	137	107	76	46	15
17	348	320	289	259	228	198	167	136	106	75	45	14
18	347	319	288	258	227	197	166	135	105	74	44	13
19	346	318	287	257	226	196	165	134	104	73	43	12
20	345	317	286	256	225	195	164	133	103	72	42	11
21	344	316	285	255	224	194	163	132	102	71	41	10
22	343	315	284	254	223	193	162	131	101	70	40	9
23	342	314	283	253	222	192	161	130	100	69	39	8
24	341	313	282	252	221	191	160	129	99	68	38	7
25	340	312	281	251	220	190	159	128	98	67	37	6
26	339	311	280	250	219	189	158	127	97	66	36	5
27	338	310	279	249	218	188	157	126	96	65	35	4
28	337	309	278	248	217	187	156	125	95	64	34	3
29		308	277	247	216	186	155	124	94	63	33	2
30		307	276	246	215	185	154	123	93	62	32	1
31		306		245		184	153		92		31	

4

Au 28 Février.

Dates.	Mars.	Avril.	Mai.	Juin.	Juill.	Aoûti	Sept.	Oct.	Nov.	Déc.	Janv.	Fév.
1	364	333	303	272	242	211	180	150	119	89	58	27
2	363	332	302	271	241	210	179	149	118	88	57	26
3	362	331	301	270	240	209	178	148	117	87	56	25
4	361	330	300	269	239	208	177	147	116	86	55	24
5	360	329	299	268	238	207	176	146	115	85	54	23
6	359	328	298	267	237	206	175	145	114	84	53	22
7	358	327	297	266	236	205	174	144	113	83	52	21
8	357	326	296	265	235	204	173	143	112	82	51	20
9	356	325	295	264	234	203	172	142	111	81	50	19
10	355	324	294	263	233	202	171	141	110	80	49	18
11	354	323	293	262	232	201	170	140	109	79	48	17
12	353	322	292	261	231	200	169	139	108	78	47	16
13	352	321	291	260	230	199	168	138	107	77	46	15
14	351	320	290	259	229	198	167	137	106	76	45	14
15	350	319	289	258	228	197	166	136	105	75	44	13
16	349	318	288	257	227	196	165	135	104	74	43	12
17	348	317	287	256	226	195	164	134	103	73	42	11
18	347	316	286	255	225	194	163	133	102	72	41	10
19	346	315	285	254	224	193	162	132	101	71	40	9
20	345	314	284	253	223	192	161	131	100	70	39	8
21	344	313	283	252	222	191	160	130	99	69	38	7
22	343	312	282	251	221	190	159	129	98	68	37	6
23	342	311	281	250	220	189	158	128	97	67	36	5
24	341	310	280	249	219	188	157	127	96	66	35	4
25	340	309	279	248	218	187	156	126	95	65	34	3
26	339	308	278	247	217	186	155	125	94	64	33	2
27	338	307	277	246	216	185	154	124	93	63	32	1
28	337	306	276	245	215	184	153	123	92	62	31	
29	336	305	275	244	214	183	152	122	91	61	30	
30	335	304	274	243	213	182	151	121	90	60	29	
31	334		273		212	181		120		59	28	

Au 31 Mars.

Dates.	Avril.	Mai.	Juin.	Juill.	Août.	Sept.	Octob.	Nov.	Déc.	Janv.	Fév.	Mars.
1	364	334	303	273	242	211	181	150	120	89	58	30
2	363	333	302	272	241	210	180	149	119	88	57	29
3	362	332	301	271	240	209	179	148	118	87	56	28
4	361	331	300	270	239	208	178	147	117	86	55	27
5	360	330	299	269	238	207	177	146	116	85	54	26
6	359	329	298	268	237	206	176	145	115	84	53	25
7	358	328	297	267	236	205	175	144	114	83	52	24
8	357	327	296	266	235	204	174	143	113	82	51	23
9	356	326	295	265	234	203	173	142	112	81	50	22
10	355	325	294	264	233	202	172	141	111	80	49	21
11	354	324	293	263	232	201	171	140	110	79	48	20
12	353	323	292	262	231	200	170	139	109	78	47	19
13	352	322	291	261	230	199	169	138	108	77	46	18
14	351	321	290	260	229	198	168	137	107	76	45	17
15	350	320	289	259	228	197	167	136	106	75	44	16
16	349	319	288	258	227	196	166	135	105	74	43	15
17	348	318	287	257	226	195	165	134	104	73	42	14
18	347	317	286	256	225	194	164	133	103	72	41	13
19	346	316	285	255	224	193	163	132	102	71	40	12
20	345	315	284	254	223	192	162	131	101	70	39	11
21	344	314	283	253	222	191	161	130	100	69	38	10
22	343	313	282	252	221	190	160	129	99	68	37	9
23	342	312	281	251	220	189	159	128	98	67	36	8
24	341	311	280	250	219	188	158	127	97	66	35	7
25	340	310	279	249	218	187	157	126	96	65	34	6
26	339	309	278	248	217	186	156	125	95	64	33	5
27	338	308	277	247	216	185	155	124	94	63	32	4
28	337	307	276	246	215	184	154	123	93	62	31	3
29	336	306	275	245	214	183	153	122	92	61		2
30	335	305	274	244	213	182	152	121	91	60		1
31		304		243	212		151		90	59		

Au 30 Avril.

Dates.	Mai.	Juin.	Juill.	Août.	Sept.	Oct.	Nov.	Déc.	Janv.	Fév.	Mars.	Avril.
1	364	333	303	272	241	211	180	150	119	88	60	29
2	363	332	302	271	240	210	179	149	118	87	59	28
3	362	331	301	270	239	209	178	148	117	86	58	27
4	361	330	300	269	238	208	177	147	116	85	57	26
5	360	329	299	268	237	207	176	146	115	84	56	25
6	359	328	298	267	236	206	175	145	114	83	55	24
7	358	327	297	266	235	205	174	144	113	82	54	23
8	357	326	296	265	234	204	173	143	112	81	53	22
9	356	325	295	264	233	203	172	142	111	80	52	21
10	355	324	294	263	232	202	171	141	110	79	51	20
11	354	323	293	262	231	201	170	140	109	78	50	19
12	353	322	292	261	230	200	169	139	108	77	49	18
13	352	321	291	260	229	199	168	138	107	76	48	17
14	351	320	290	259	228	198	167	137	106	75	47	16
15	350	319	289	258	227	197	166	136	105	74	46	15
16	349	318	288	257	226	196	165	135	104	73	45	14
17	348	317	287	256	225	195	164	134	103	72	44	13
18	347	316	286	255	224	194	163	133	102	71	43	12
19	346	315	285	254	223	193	162	132	101	70	42	11
20	345	314	284	253	222	192	161	131	100	69	41	10
21	344	313	283	252	221	191	160	130	99	68	40	9
22	343	312	282	251	220	190	159	129	98	67	39	8
23	342	311	281	250	219	189	158	128	97	66	38	7
24	341	310	280	249	218	188	157	127	96	65	37	6
25	340	309	279	248	217	187	156	126	95	64	36	5
26	339	308	278	247	216	186	155	125	94	63	35	4
27	338	307	277	246	215	185	154	124	93	62	34	3
28	337	306	276	245	214	184	153	123	92	61	33	2
29	336	305	275	244	213	183	152	122	91		32	1
30	335	304	274	243	212	182	151	121	90		31	
31	334		273	242		181		120	89		30	

Au 31 Mai.

Dates.	Juin.	Juill.	Août.	Sept.	Oct.	Nov.	Déc.	Janv.	Fév.	Mars.	Avril.	Mai.
1	364	334	303	272	242	211	181	150	119	91	60	30
2	363	333	302	271	241	210	180	149	118	90	59	29
3	362	332	301	270	240	209	179	148	117	89	58	28
4	361	331	300	269	239	208	178	147	116	88	57	27
5	360	330	299	268	238	207	177	146	115	87	56	26
6	359	329	298	267	237	206	176	145	114	86	55	25
7	358	328	297	266	236	205	175	144	113	85	54	24
8	357	327	296	265	235	204	174	143	112	84	53	23
9	356	326	295	264	234	203	173	142	111	83	52	22
10	355	325	294	263	233	202	172	141	110	82	51	21
11	354	324	293	262	232	201	171	140	109	81	50	20
12	353	323	292	261	231	200	170	139	108	80	49	19
13	352	322	291	260	230	199	169	138	107	79	48	18
14	351	321	290	259	229	198	168	137	106	78	47	17
15	350	320	289	258	228	197	167	136	105	77	46	16
16	349	319	288	257	227	196	166	135	104	76	45	15
17	348	318	287	256	226	195	165	134	103	75	44	14
18	347	317	286	255	225	194	164	133	102	74	43	13
19	346	316	285	254	224	193	163	132	101	73	42	12
20	345	315	284	253	223	192	162	131	100	72	41	11
21	344	314	283	252	222	191	161	130	99	71	40	10
22	343	313	282	251	221	190	160	129	98	70	39	9
23	342	312	281	250	220	189	159	128	97	69	38	8
24	341	311	280	249	219	188	158	127	96	68	37	7
25	340	310	279	248	218	187	157	126	95	67	36	6
26	339	309	278	247	217	186	156	125	94	66	35	5
27	338	308	277	246	216	185	155	124	93	65	34	4
28	337	307	276	245	215	184	154	123	92	64	33	3
29	336	306	275	244	214	183	153	122		63	32	2
30	335	305	274	243	213	182	152	121		62	31	1
31		304	273		212		151	120		61		

Au 30 Juin.

Dates.	Juill.	Août.	Sept.	Oct.	Nov.	Déc.	Janv.	Fév.	Mars.	Avril.	Mai.	Juin.
1	364	333	302	272	241	211	180	149	121	90	69	29
2	363	332	301	271	240	210	179	148	120	89	59	28
3	362	331	300	270	239	209	178	147	119	88	58	27
4	361	330	299	269	238	208	177	146	118	87	57	26
5	360	329	298	268	237	207	176	145	117	86	56	25
6	359	328	297	267	236	206	175	144	116	85	55	24
7	358	327	296	266	235	205	174	143	115	84	54	23
8	357	326	295	265	234	204	173	142	114	83	53	22
9	356	325	294	264	233	203	172	141	113	82	52	21
10	355	324	293	263	232	202	171	140	112	81	51	20
11	354	323	292	262	231	201	170	139	111	80	50	19
12	353	322	291	261	230	200	169	138	110	79	49	18
13	352	321	290	260	229	199	168	137	109	78	48	17
14	351	320	289	259	228	198	167	136	108	77	47	16
15	350	319	288	258	227	197	166	135	107	76	46	15
16	349	318	287	257	226	196	165	134	106	75	45	14
17	348	317	286	256	225	195	164	133	105	74	44	13
18	347	316	285	255	224	194	163	132	104	73	43	12
19	346	315	284	254	223	193	162	131	103	72	42	11
20	345	314	283	253	222	192	161	130	102	71	41	10
21	344	313	282	252	221	191	160	129	101	70	40	9
22	343	312	281	251	220	190	159	128	100	69	39	8
23	342	311	280	250	219	189	158	127	99	68	38	7
24	341	310	279	249	218	188	157	126	98	67	37	6
25	340	309	278	248	217	187	156	125	97	66	36	5
26	339	308	277	247	216	186	155	124	96	65	35	4
27	338	307	276	246	215	185	154	123	95	64	34	3
28	337	306	275	245	214	184	153	122	94	63	33	2
29	336	305	274	244	213	183	152		93	62	32	1
30	335	304	273	243	212	182	151		92	61	31	
31	334	303		242		181	150		91		30	

Au 31 Juillet.

Dates.	Août.	Sept.	Oct.	Nov.	Déc.	Janv.	Fév.	Mars.	Avril.	Mai.	Juin.	Juill.
1	364	333	303	272	242	211	180	152	121	91	60	30
2	363	332	302	271	241	210	179	151	120	90	59	29
3	362	331	301	270	240	209	178	150	119	89	58	28
4	361	330	300	269	239	208	177	149	118	88	57	27
5	360	329	299	268	238	207	176	148	117	87	56	26
6	359	328	298	267	237	206	175	147	116	86	55	25
7	358	327	297	266	236	205	174	146	115	85	54	24
8	357	326	296	265	235	204	173	145	114	84	53	23
9	356	325	295	264	234	203	172	144	113	83	52	22
10	355	324	294	263	233	202	171	143	112	82	51	21
11	354	323	293	262	232	201	170	142	111	81	50	20
12	353	322	292	261	231	200	169	141	110	80	49	19
13	352	321	291	260	230	199	168	140	109	79	48	18
14	351	320	290	259	229	198	167	139	108	78	47	17
15	350	319	289	258	228	197	166	138	107	77	46	16
16	349	318	288	257	227	196	165	137	106	76	45	15
17	348	317	287	256	226	195	164	136	105	75	44	14
18	347	316	286	255	225	194	163	135	104	74	43	13
19	346	315	285	254	224	193	162	134	103	73	42	12
20	345	314	284	253	223	192	161	133	102	72	41	11
21	344	313	283	252	222	191	160	132	101	71	40	10
22	343	312	282	251	221	190	159	131	100	70	39	9
23	342	311	281	250	220	189	158	130	99	69	38	8
24	341	310	280	249	219	188	157	129	98	68	37	7
25	340	309	279	248	218	187	156	128	97	67	36	6
26	339	308	278	247	217	186	155	127	96	66	35	5
27	338	307	277	246	216	185	154	126	95	65	34	4
28	337	306	276	245	215	184	153	125	94	64	33	3
29	336	305	275	244	214	183		124	93	63	32	2
30	335	304	274	243	213	182		123	92	62	31	1
31	334		273		212	181		122		61		

Au 31 Août.

Dates	Sept.	Octob.	Nov.	Déc.	Janv.	Fév.	Mars.	Avril.	Mai.	Juin.	Juill.	Août.
1	364	334	303	273	242	211	183	152	122	91	61	30
2	363	333	302	272	241	210	182	151	121	90	60	29
3	362	332	301	271	240	209	181	150	120	89	59	28
4	361	331	300	270	239	208	180	149	119	88	58	27
5	360	330	299	269	238	207	179	148	118	87	57	26
6	359	329	298	268	237	206	178	147	117	86	56	25
7	358	328	297	267	236	205	177	146	116	85	55	24
8	357	327	296	266	235	204	176	145	115	84	54	23
9	356	326	295	265	234	203	175	144	114	83	53	22
10	355	325	294	264	233	202	174	143	113	82	52	21
11	354	324	293	263	232	201	173	142	112	81	51	20
12	353	323	292	262	231	200	172	141	111	80	50	19
13	352	322	291	261	230	199	171	140	110	79	49	18
14	351	321	290	260	229	198	170	139	109	78	48	17
15	350	320	289	259	228	197	169	138	108	77	47	16
16	349	319	288	258	227	196	168	137	107	76	46	15
17	348	318	287	257	226	195	167	136	106	75	45	14
18	347	317	286	256	225	194	166	135	105	74	44	13
19	346	316	285	255	224	193	165	134	104	73	43	12
20	345	315	284	254	223	192	164	133	103	72	42	11
21	344	314	283	253	222	191	163	132	102	71	41	10
22	343	313	282	252	221	190	162	131	101	70	40	9
23	342	312	281	251	220	189	161	130	100	69	39	8
24	341	311	280	250	219	188	160	129	99	68	38	7
25	340	310	279	249	218	187	159	128	98	67	37	6
26	339	309	278	248	217	186	158	127	97	66	36	5
27	338	308	277	247	216	185	157	126	96	65	35	4
28	337	307	276	246	215	184	156	125	95	64	34	3
29	336	306	275	245	214		155	124	94	63	33	2
30	335	305	274	244	213		154	123	93	62	32	1
31			304		243	212	153		92		31	

Au 30 Septembre.

Dates.	Oct.	Nov.	Déc.	Janv.	Fév.	Mars.	Avril.	Mai.	Juin.	Juill.	Août.	Sept.
1	364	333	303	272	241	213	182	152	121	91	60	29
2	363	332	302	271	240	212	181	151	120	90	59	28
3	362	331	301	270	239	211	180	150	119	89	58	27
4	361	330	300	269	238	210	179	149	118	88	57	26
5	360	329	299	268	237	209	178	148	117	87	56	25
6	359	328	298	267	236	208	177	147	116	86	55	24
7	358	327	297	266	235	207	176	146	115	85	54	23
8	357	326	296	265	234	206	175	145	114	84	53	22
9	356	325	295	264	233	205	174	144	113	83	52	21
10	355	324	294	263	232	204	173	143	112	82	51	20
11	354	323	293	262	231	203	172	142	111	81	50	19
12	353	322	292	261	230	202	171	141	110	80	49	18
13	352	321	291	260	229	201	170	140	109	79	48	17
14	351	320	290	259	228	200	169	139	108	78	47	16
15	350	319	289	258	227	199	168	138	107	77	46	15
16	349	318	288	257	226	198	167	137	106	76	45	14
17	348	317	287	256	225	197	166	136	105	75	44	13
18	347	316	286	255	224	196	165	135	104	74	43	12
19	346	315	285	254	223	195	164	134	103	73	42	11
20	345	314	284	253	222	194	163	133	102	72	41	10
21	344	313	283	252	221	193	162	132	101	71	40	9
22	343	312	282	251	220	192	161	131	100	70	39	8
23	342	311	281	250	219	191	160	130	99	69	38	7
24	341	310	280	249	218	190	159	129	98	68	37	6
25	340	309	279	248	217	189	158	128	97	67	36	5
26	339	308	278	247	216	188	157	127	96	66	35	4
27	338	307	277	246	215	187	156	126	95	65	34	3
28	337	306	276	245	214	186	155	125	94	64	33	2
29	336	305	275	244	. . .	185	154	124	93	63	32	1
30	335	304	274	243		184	153	123	92	62	31	.
31	334		273	242		183	. . .	122		61	30	

Au 31 Octobre.

Dates	Nov.	Déc.	Janv.	Fév.	Mars	Avril.	Mai.	Juin.	Juill.	Août.	Sept.	Oct.
1	364	334	303	272	244	213	183	152	122	91	60	30
2	363	333	302	271	243	212	182	151	121	90	59	29
3	362	332	301	270	242	211	181	150	120	89	58	28
4	361	331	300	269	241	210	180	149	119	88	57	27
5	360	330	299	268	240	209	179	148	118	87	56	26
6	359	329	298	267	239	208	178	147	117	86	55	25
7	358	328	297	266	238	207	177	146	116	85	54	24
8	357	327	296	265	237	206	176	145	115	84	53	23
9	356	326	295	264	236	205	175	144	114	83	52	22
10	355	325	294	263	235	204	174	143	113	82	51	21
11	354	324	293	262	234	203	173	142	112	81	50	20
12	353	323	292	261	233	202	172	141	111	80	49	19
13	352	322	291	260	232	201	171	140	110	79	48	18
14	351	321	290	259	231	200	170	139	109	78	47	17
15	350	320	289	258	230	199	169	138	108	77	46	16
16	349	319	288	257	229	198	168	137	107	76	45	15
17	348	318	287	256	228	197	167	136	106	75	44	14
18	347	317	286	255	227	196	166	135	105	74	43	13
19	346	316	285	254	226	195	165	134	104	73	42	12
20	345	315	284	253	225	194	164	133	103	72	41	11
21	344	314	283	252	224	193	163	132	102	71	40	10
22	343	313	282	251	223	192	162	131	101	70	39	9
23	342	312	281	250	222	191	161	130	100	69	38	8
24	341	311	280	249	221	190	160	129	99	68	37	7
25	340	310	279	248	220	189	159	128	98	67	36	6
26	339	309	278	247	219	188	158	127	97	66	35	5
27	338	308	277	246	218	187	157	126	96	65	34	4
28	337	307	276	245	217	186	156	125	95	64	33	3
29	336	306	275		216	185	155	124	94	63	32	2
30	335	305	274		215	184	154	123	93	62	31	1
31		304	273		214		153		92	61		

Au 30 Novembre.

Dates.	Déc.	Janv.	Fév.	Mars.	Avril.	Mai.	Juin.	Juill.	Août.	Sept.	Oct.	Nov.
1	364	333	302	274	243	213	182	152	121	90	60	29
2	363	332	301	273	242	212	181	151	120	89	59	28
3	362	331	300	272	241	211	180	150	119	88	58	27
4	361	330	299	271	240	210	179	149	118	87	57	26
5	360	329	298	270	239	209	178	148	117	86	56	25
6	359	328	297	269	238	208	177	147	116	85	55	24
7	358	327	296	268	237	207	176	146	115	84	54	23
8	357	326	295	267	236	206	175	145	114	83	53	22
9	356	325	294	266	235	205	174	144	113	82	52	21
10	355	324	293	265	234	204	173	143	112	81	51	20
11	354	323	292	264	233	203	172	142	111	80	50	19
12	353	322	291	263	232	202	171	141	110	79	49	18
13	352	321	290	262	231	201	170	140	109	78	48	17
14	351	320	289	261	230	200	169	139	108	77	47	16
15	350	319	288	260	229	199	168	138	107	76	46	15
16	349	318	287	259	228	198	167	137	106	75	45	14
17	348	317	286	258	227	197	166	136	105	74	44	13
18	347	316	285	257	226	196	165	135	104	73	43	12
19	346	315	284	256	225	195	164	134	103	72	42	11
20	345	314	283	255	224	194	163	133	102	71	41	10
21	344	313	282	254	223	193	162	132	101	70	40	9
22	343	312	281	253	222	192	161	131	100	69	39	8
23	342	311	280	252	221	191	160	130	99	68	38	7
24	341	310	279	251	220	190	159	129	98	67	37	6
25	340	309	278	250	219	189	158	128	97	66	36	5
26	339	308	277	249	218	188	157	127	96	65	35	4
27	338	307	276	248	217	187	156	126	95	64	34	3
28	337	306	275	247	216	186	155	125	94	63	33	2
29	336	305		246	215	185	154	124	93	62	32	1
30	335	304		245	214	184	153	123	92	61	31	
31	334	303		244		183		122	91		30	

Au 31 Décembre.

Dates.	Janv.	Fév.	Mars.	Avril.	Mai.	Juin.	Juill.	Août.	Sept.	Oct.	Nov.	Déc.
1	364	333	305	274	244	213	183	152	121	91	60	30
2	363	332	304	273	243	212	182	151	120	90	59	29
3	362	331	303	272	242	211	181	150	119	89	58	28
4	361	330	302	271	241	210	180	149	118	88	57	27
5	360	329	301	270	240	209	179	148	117	87	56	26
6	359	328	300	269	239	208	178	147	116	86	55	25
7	358	327	299	268	238	207	177	146	115	85	54	24
8	357	326	298	267	237	206	176	145	114	84	53	23
9	356	325	297	266	236	205	175	144	113	83	52	22
10	355	324	296	265	235	204	174	143	112	82	51	21
11	354	323	295	264	234	203	173	142	111	81	50	20
12	353	322	294	263	233	202	172	141	110	80	49	19
13	352	321	293	262	232	201	171	140	109	79	48	18
14	351	320	292	261	231	200	170	139	108	78	47	17
15	350	319	291	260	230	199	169	138	107	77	46	16
16	349	318	290	259	229	198	168	137	106	76	45	15
17	348	317	289	258	228	197	167	136	105	75	44	14
18	347	316	288	257	227	196	166	135	104	74	43	13
19	346	315	287	256	226	195	165	134	103	73	42	12
20	345	314	286	255	225	194	164	133	102	72	41	11
21	344	313	285	254	224	193	163	132	101	71	40	10
22	343	312	284	253	223	192	162	131	100	70	39	9
23	342	311	283	252	222	191	161	130	99	69	38	8
24	341	310	282	251	221	190	160	129	98	68	37	7
25	340	309	281	250	220	189	159	128	97	67	36	6
26	339	308	280	249	219	188	158	127	96	66	35	5
27	338	307	279	248	218	187	157	126	95	65	34	4
28	337	306	278	247	217	186	156	125	94	64	33	3
29	336		277	246	216	185	155	124	93	63	32	2
30	335		276	245	215	184	154	123	92	62	31	1
31	334		275		214		153	122		61		

DIVISEURS COMMUNS DES INTÉRÊTS,

depuis 3 à 6 pour 100 l'an, soit 360 jours.

PAR AN.		PAR MOIS.		DIVISEURS.
3 »	ou	$^9/_4$	. . . .	12,000
3 $^1/_4$	ou	$^{13}/_{48}$	. . . .	11,077
3 $^1/_2$	ou	$^7/_{24}$	. . . .	10,285
3 $^3/_4$	ou	$^5/_{16}$	. . . .	9,600
4 »	ou	$^1/_3$	. . . .	9,000
4 $^1/_4$	ou	$^{17}/_{48}$	. . . .	8,470
4 $^1/_2$	ou	$^3/_8$	. . . .	8,000
4 $^3/_4$	ou	$^{19}/_{48}$	. . . .	7,579
5 »	ou	$^5/_{12}$	. . . .	7,200
5 $^1/_4$	ou	$^7/_{16}$	. . . .	6,857
5 $^1/_2$	ou	$^{11}/_{24}$	. . . .	6,545
5 $^3/_4$	ou	$^{23}/_{48}$	. . . .	6,261
6 »	ou	$^1/_2$	. . . .	6,000

Pour connaître les intérêts dus sur une somme quelconque, il faut chercher le nombre de jours qui existent depuis celui où la somme est due jusqu'à l'époque à laquelle on veut en régler les intérêts; multiplier cette somme par ce même nombre de jours, et diviser le produit par un diviseur commun, qui est toujours déterminé par le taux de l'intérêt.

Pour trouver ce diviseur commun, il faut établir la proportion suivante, en observant que, dans la pratique, on compte l'année pour 360 jours.

$$3, 4, 5, \text{etc.} : 360 :: 100 : x.$$

Ainsi, pour obtenir le diviseur de 5 pour cent, il faut multiplier

36o jours par 1oo, ce qui donnera 36,ooo, que vous diviserez ensuite par 5, et vous aurez 7,2oo, qui est le diviseur commun de 5 pour cent.

Après avoir obtenu le diviseur de l'intérêt, il faut, ainsi que je l'ai déjà indiqué, multiplier la somme par le nombre de jours, et en diviser le produit par ce même diviseur commun.

EXEMPLE :

Quel serait l'intérêt dû sur 1,200 fr., depuis le 1o Mai au 3o Novembre suivant, à raison de 5 pour cent l'an ?

Multipliez 1,2oo francs par 2o4 jours, vous aurez pour résultat 244,8oo qui, divisés par 7,2oo (diviseur commun de 5 pour cent), vous donneront 34 francs.

Cette dernière Table et les explications dont elle est suivie, auront peu de prix pour quelques personnes; cependant, je pense qu'elles seront accueillies de celles qui ne sont pas au fait de ces sortes d'opérations, et avec d'autant plus de raison que, malgré la diversité des tableaux de ce genre, aucun n'indique le moyen de les établir.

F I N.

DE L'IMPRIMERIE DE J. M. BOURSY, PLACE DE LA FROMAGERIE.

www.ingramcontent.com/pod-product-compliance
Lightning Source LLC
Chambersburg PA
CBHW050436210326
41520CB00019B/5953